博物之旅

危险来自你的身边

安全

芦 军 编著

安徽美术出版社
全国百佳图书出版单位

图书在版编目（CIP）数据

危险来自你的身边：安全 / 芦军编著. —合肥：
安徽美术出版社，2016.3（2019.3重印）
（博物之旅）
ISBN 978-7-5398-6689-5

Ⅰ. ①危…　Ⅱ. ①芦…　Ⅲ. ①安全教育—少儿读物　Ⅳ. ①X956-49

中国版本图书馆CIP数据核字（2016）第047043号

出 版 人：唐元明　　责任编辑：史春霖　张婷婷
助理编辑：刘　欢　　责任校对：方　芳　刘　欢
责任印制：缪振光　　版式设计：北京鑫骏图文设计有限公司

博物之旅
危险来自你的身边：安全
Weixian Laizi Ni de Shenbian Anquan

出版发行：安徽美术出版社（http://www.ahmscbs.com/）
地　　址：合肥市政务文化新区翡翠路1118号出版传媒广场14层
邮　　编：230071
经　　销：全国新华书店
营 销 部：0551-63533604（省内）0551-63533607（省外）
印　　刷：北京一鑫印务有限责任公司
开　　本：880mm×1230mm　1/16
印　　张：6
版　　次：2016年3月第1版　2019年3月第2次印刷
书　　号：ISBN 978-7-5398-6689-5
定　　价：21.00元

目录

博物之旅

目录

博
物
之
旅

化学药品溅到眼里怎么办

上实验课时，有时会出现一些小意外。在做实验的时候，化学物品就极有可能溅到我们的眼睛里。所以在做实验的时候，我们一定要格外小心啊！

如果化学药水溅到你的眼里，老师又刚好不在，你该怎么

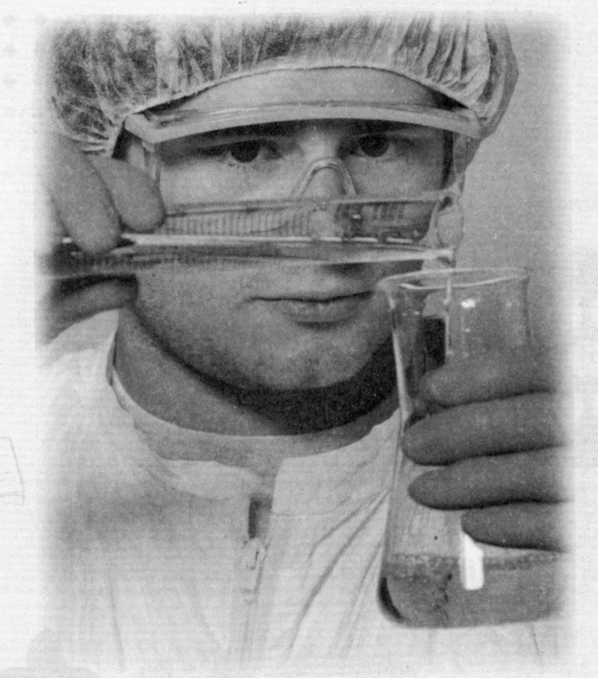

办呢？

这时千万不能用手去揉眼睛，否则只会令情况更糟。这时应立刻用清水不断冲洗眼睛，在冲洗的过程中要不断地眨眼。如果冲洗后眼睛仍刺痛不已，应马上去医院就诊。去医院时，要带上溅入你眼睛的药品的包装，以便于医生了解病情，及时救治。

路遇被遗弃的宠物怎么办

如果在路上遇到被遗弃的宠物，千万不要随便地把它抱回家，可以和小动物救助中心之类的相关部门联系，给予它帮助。

宠物身上携带着很多的病菌，很有可能会危害到我们的健康。所以不要随便去逗它，也要防止它攻击自己。在没有把宠物送往救助中心前，要和它保持一定的距离，注意卫生；与它相处时不要过分亲密，尤其不可以亲它。

抚弄宠物时，手心向下，慢慢接近它，如果手心向上，它会觉得你要打它；不要突然惊吓它，否则容易被抓伤；当自己身上有伤口时，不要和它亲昵，以防它的唾液感染伤口。

如果不小心被宠物抓伤或者咬伤，要立即用水冲洗伤口，并且24小时内去医院打预防针。

如何预防火灾

引起火灾的原因很多，平时积极预防，才能避免火灾，以免造成损失。

第一，不要因为好奇而玩火，更不要在建筑物附近或者易燃易爆品附近燃放烟花爆竹，如果有人这么做，要立即制止；第二，如果停电了，需要点蜡烛来照明，一定记得要在离开时将它熄灭，而且，千万不能在蚊帐里点着蜡烛看书；第三，点

蚊香及其他明火时一定要注意不要在易燃易爆品附近，而且要放在不易被人碰倒或不易被风吹到的地方；第四，在使用家用电器的时候，一定要在出门之前记得关掉，并使之冷却，放在远离易燃品的地方。

平时要多了解消防知识，并学会灭火器的使用方法，在火灾造成的伤害最小时，及时遏制火势。

发生火灾怎么办

俗话说：水火无情。一旦发生了火灾，必将会给我们的财产造成损失，严重的还会威胁到我们的生命。如果我们身处火灾现场，我们该采取什么样的措施，才能保证自己的生命安全呢？

首先不要惊慌，用湿毛巾捂住口鼻，防止被浓烟呛晕。如果手边有电话，就赶快拨打119报警。在逃生时，要尽量低头弯腰或匍匐前进。

被烟火围困时，尽量待在阳台、窗口等易被人发现和能避免烟火近身的

地方。白天可向窗外晃动鲜艳的衣物等，在晚上可用手电筒不停地在窗口闪动和敲击东西，及时发出有效求救信号。在被烟气窒息且失去自救能力时，应努力滚到墙边或门边，以便于消防人员寻找、营救，也可防止房屋塌落时伤到自己。

火势刚起时怎么办

遇到火灾，应及时拨打 119 报警。如果你遇到了一些轻微的火情，知道如何处理吗？下面让我来告诉你一些小常识吧！

1. 水是最常用的灭火剂，木头、纸张、棉布等起火，可以直接用水扑灭。

2. 用土、沙子、浸湿的棉被或毛毯等迅速覆盖在起火处，

可以有效地灭火。

3. 用扫帚、拖把等扑打，也能扑灭小火。

4. 油类、酒精等起火，不可用水去扑救，可用沙土或浸湿的棉被迅速覆盖。

5. 煤气起火，可用湿毛巾盖住火点，迅速切断气源。

6. 电器起火，不可用水扑救，也不可用潮湿的物品捂盖。水是导体，这样做会发生触电。正确的方法是首先切断电源，然后再灭火。

如何安全乘坐电梯

随着城市内高层建筑的增多，电梯的使用越来越广泛。它为我们的生活提供了极大的方便，但随之而来的伤亡事故也是触目惊心的。

电梯分为露天的和厢式的。如果乘坐露天电梯，应面朝扶梯的运行方向，手握住扶梯两侧的扶手，脚应站在踏板四周黄线以内，防止裤脚边卷入电梯周边的缝隙中。如果乘坐厢式电梯，在等候电梯时，先按一下要去的上行或下行方向按钮，灯亮后即可松手等候，不要将上下按钮同时按下，更不要用手拍打电梯门。电梯都有一定的载重量，当乘客满了

之后，报警系统就会发出蜂鸣。这时，可以等下趟电梯，千万不可争先抢上，以免发生意外。

总之一句话，不管坐哪种电梯都要小心，不要推挤别人，不能在电梯上蹦跳、打闹，如果带有宠物，则必须抱着。低年级的小学生在乘坐时，要由大人陪同。

困在电梯里怎么办

很多小朋友喜欢乘坐电梯上上下下，不知疲惫。但是如果被困在电梯里了，你知道该如何脱险吗？如果电梯发生故障，自己被困在电梯中，首先要保持镇静，不要惊慌，电梯内若有管理员，一定要听从其指挥，切忌乱挤乱动。

如果没有电梯管理员，可以用电梯内的电话或对讲机求救，在电话中要报清自己所在的楼号、楼层。或者也可以按下电梯内标盘上的警铃，或脱下鞋用鞋底用力拍门。如果一时无人接应，也不必

紧张或害怕，要耐心等待，保持体力，等候营救。

在这里还要提醒一下，被困在电梯里时，千万不要试图撬开电梯门爬出去。因为电梯随时会启动，这样可能会造成很大的危险。

烧伤后怎么办

在用火或有火的地方，一不小心就会引火上身。所以，我们平时就要注意防火。但是如果真的被火烧伤了，怎么办呢？

我们应该检查自己身上的伤口，视烧伤情况不同采取相应的措施。如果只是轻微的烧伤。那么可以把受伤部位放在自来水下冲洗，或是在冷水中浸泡至少10分钟。这样可以减轻疼痛，并且减轻伤害。然后用一块干净、潮湿的软布将伤口轻轻地包扎好。

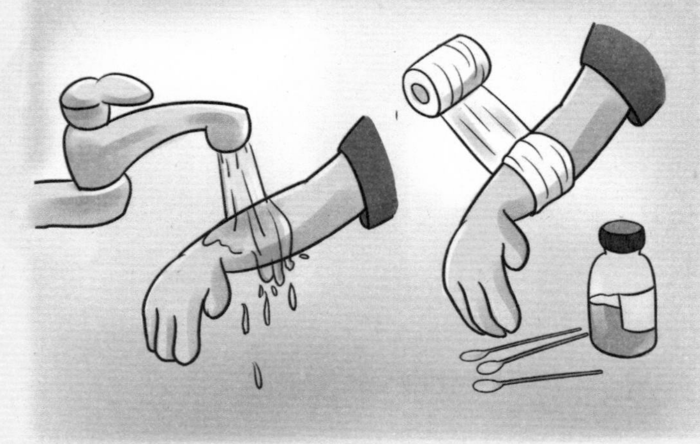

如果烧伤严重，此时不要急于把衣物从身体上脱下来，以免将伤口撕裂，加重伤势；而应找

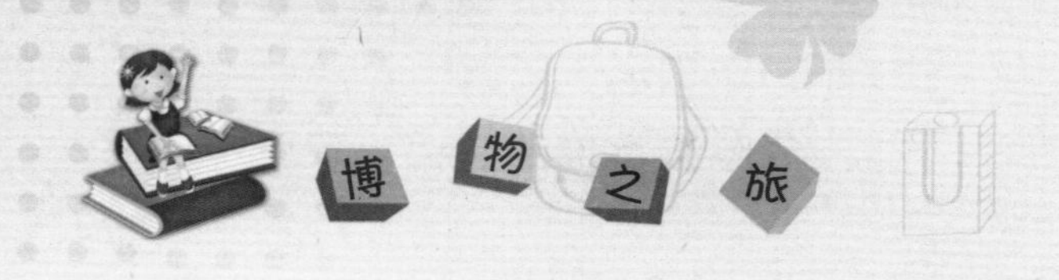

一块干净的布包住受伤部位，然后迅速到医院进行救治。烧伤时，皮肤表面会有创口，但自己千万不要在上面涂抹药物，否则医生在处理烧伤之前还要清理伤口，严重的还会导致感染。

购物时如何防盗

人流量大的地方往往是窃贼们作案的好地方。现在越来越多的超市给我们的生活提供了方便，同时也给小偷们提供了新的作案场所。我们在超市购物时，要做好防盗的准备，以免遭受损失。要随时留心自己的钱包。有人认为把钱放在隐蔽的地方，就没事了。事实并非如此，窃贼瞄准了这个规律，常利用

人多拥挤时，轻易地将你的钱偷走。在柜台前挑选商品或试衣服时，也要保持警惕。如果发现有人在你身边挤来挤去，要把自己的挎包置于胸前。

当超市出售紧俏商品时，先不要急于挤上前去，而应把所需要的钱拿出来，把不用的钱放好，然后再上前购买商品。

丢失物品后报案时，别忘了告诉警察你的家庭地址、姓名、联系方式。因为窃贼得手后，常常把无用的东西扔掉，如果没有及时报案或报案时未讲清情况，会给公安机关破案及破案后的发还工作带来困难。

如果发现有人不怀好意地跟在自己身

边，千万不要紧张害怕，可以走到超市里装有摄像头的地方，小偷就不敢下手了。你也可以向身边的超市内部人员求救，将不法分子抓获。

若小偷在偷东西时被你发现了，你应当立即向公安人员或商店保卫人员报告。千万不要尝试与小偷单打独斗，可以大喊“抓贼”，让大家一起制服小偷。

陌生人敲门怎么办

如果你自己在家，有人敲门千万不可盲目开门，应先从门镜观察或隔门问清楚来人的身份，如果是陌生人，不应开门。

如果有人以推销员、修理工等身份要求开门，可以说明家中不需要这些服务，请他们离开；如果有人以家长同事、朋友或者远房亲戚的身份要求开门，也不能轻信，可以请他们等家长回家后再来。

遇到陌生人不肯离去，坚持要进入室内的情况，可以声称要打电话报警，或者到阳台、窗口高声呼喊，向邻居、行人求援，使陌生人离去。还有，不要邀请不熟悉的人到家中做客，以防给坏人可乘之机。

发现家里有盗贼怎么办

如果有一天，你在自己的家里发现了窃贼，一定不要出声，先把自己藏起来，直到你确定安全了，才出来。如果窃贼已经发现你了，应机智灵活，随机应变，避免与盗窃分子正面冲突，以免受到伤害。在其离去后，迅速报案。

如果你从外面回来，发现家里有窃贼正在作案，要保持冷静，切勿大吵大闹，也千万不要直接闯进去制止，而应该迅速到外面寻求邻居、行人以及巡逻民警的

帮助。如果发现已经得逞并准备离开作案现场的窃贼，要记住他们的特征和逃离去向；也可以记下他们车辆的型号、颜色、车牌号码，以便向公安部门报告，协助破案。

走夜路害怕怎么办

有些时候我们要较晚回家，走夜路是避免不了的。夜间行路，要有所防范，以增加安全感，减少惊慌、害怕的心理感觉。

走夜路时尽量选择路灯明亮的大街作为路线，不要为抄近道而走偏僻的小巷；如果有同一方向的同学最好结伴而行，人多了，遭遇歹徒袭击的可能性就小；要在人行道外侧走，如果

人行道窄，就在马路边走，这样即使有歹徒埋伏在小巷里也不可能一下子接近你；要在马路左侧走，因为常有汽车迎面开来，歹徒不容易从背后袭击你；如果身上有包，包不要朝着马路一边，以防歹徒飞车抢劫；如果发现有人跟踪你，最好去一些热闹的场所，比如大商场、超市、餐厅等，然后通知家人来接你；如果路上只有你一人行走，为了安全，还是乘出租车回家为好，最好送到家门口，请司机等你进了屋或者家人出来接再离开。

了解了以上一些走夜路的常识，遇到事情时随机应变，走夜路自然就不再那么害怕了。

如何防止精神病人的伤害

在大街上，我们有时候会看到一些衣冠不整、肮脏邋遢、行为怪异的人，这些人就是精神病人。由于他们的思维和心理不正常，有时候他们可能会对我们做出攻击行为。不少人往往受到精神病人的伤

害，而有苦无处诉。

为了避免受到他们的伤害，我们要尽快远离、躲避，不要围观。不要挑逗、取笑、戏弄、刺激精神病患者，以免招致伤害。当看到精神病人做出伤害他人的举动时，应当向老师、警察或其他成年人报告。同时，被伤害者也应采取正当防卫措施。

什么是正当防卫

正当防卫是在紧急状态下，为了保护合法权益而派生的一种权利。这是我国法律赋予每个公民的合法权利，它能使每个公民在面临不法侵害时，通过对不法分子造成一定人身或财产的损害，来保护自身的合法权益或保护公共利益。比如，小偷入室盗窃时，被主人发现，小偷转而用刀威胁，这时盗窃已经

转化为抢劫了。对于抢劫，在正当防卫中，即使主人把抢劫者打死也不用负法律责任。

我国刑法第 20 条规定："为了使国家，公共利益，本人或者他人的人身、财产和其他权利免受正在进行的不法侵害，而采取的制止不法侵害并对不法侵害人造成损害的行为，属于正当防卫，不负刑事责任。"

正当防卫权利不是随时都可以行使的。如果行使不当，或者滥用这种权利，不但达不到正当防卫的目的，反而可能对他人造成不应有的损害，危害社会，构成犯罪。因此，进行正当

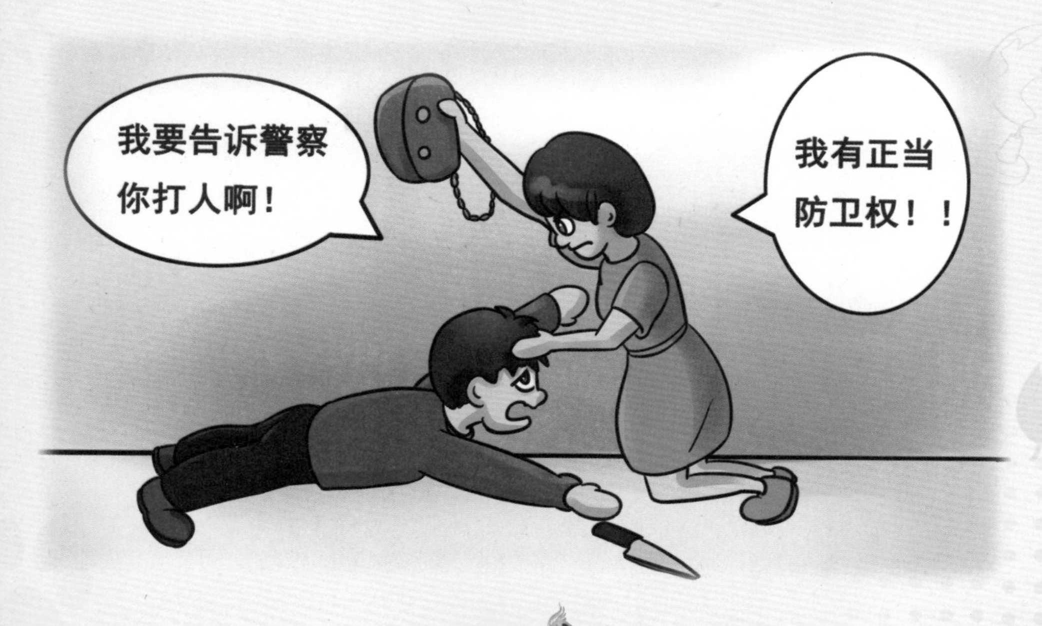

防卫必须遵守一定的条件。

如何把握正当防卫的度呢？根据我国刑法的上述规定，在现实生活中，认定行为人可以实施正当防卫须同时具备以下条件：①有正在发生的不法侵害；②必须是正在进行的不法侵害；③必须是出于为了使国家，公共利益，本人或者他人的人身、财产权利免受不法侵害的目的；④必须针对不法侵害者本人实施，不能针对第三者；⑤不能明显超过必要限度，造成重大损害。上述条件缺一不可。

如何拨打紧急电话求助

如果发现有人流血受伤或者不省人事，要打 120 求助。电话通了之后，将病人的病情简单说明，如果知道病人生病、受伤的原因，也最好说明，然后说出病人的详细地址。你也可到路口去迎接救护车，以免救护车因

找不到病人的地址而延误时间。

如果发现坏人，或者碰到紧急的事可以打110报警求助。110报警电话是维护治安、服务社会、保障公民生命财产安全的重要工具，千万不能随意拨打，更不能恶意骚扰。如果随便拨打110或使用110报警服务电话报假案等，造成一定影响或严重后果的，有关部门将依法予以处理。

如果发现有地方失火，应拨打火警电话119。报警时要讲清楚着火地点，说明什么东西着火了，火势怎样。

拨打这些电话后，都要说明自己的姓名、电话号码和住址，待对方挂断电话后，你再挂机。有些情况下，要保护现场，不要乱动现场的人和物。

如何利用身边的物品自卫

如果歹徒在你毫无准备时对你袭击，你一定要学会利用身边的物品自卫。

1. 如果在客厅，可以利用扫帚、螺丝刀、茶杯、烟灰缸、皮鞋等物品向他还击。如果身边有椅子，可以抓住椅子的脚，让椅子起到盾牌的作用。对方还击时，可抓住椅脚，用力向歹徒甩去。

2. 如果在厨房，可以将油壶、酱油瓶、锅、铲、碗、面粉等物迅速砸向歹徒的脸部，最好能对准眼睛还击，使坏

人的视力受到损害，你就有机会逃跑。

3. 如果在卧室，你可以用被子或衣服，将歹徒的头部蒙上，再拿东西砸歹徒。

4. 如果手边有尖锐物时，比如铅笔、钢笔、发簪等物，迅速向接近的歹徒的眼睛狠狠刺去，达到伤害歹徒眼睛的目的。

遇到歹徒时，只要保持冷静的头脑，机智勇敢地抓住时机，就会战胜歹徒。

如何与不法侵害者作斗争

社会上的一些不法分子，为了某种目的，常会以青少年学生作为侵害对象。如果遇到了歹徒，你应该怎么做呢？如果发现被歹徒盯上，不能惊慌，要保持头脑清醒、要镇定；同时，根据自己的体力和心理状态、周围情况、歹徒的动机来决定对策。如果被歹徒纠缠，应高声喝令其走开，并以随身携带的雨伞和就地捡到的木棍、砖块等作防御，同时迅速跑向人多的地方。

如果遇到凶恶的歹徒，可机智应对，奋力反抗，以免受伤害。反抗时，要大声呼喊以震慑歹徒，动作要突然迅速，打击歹徒的要害部位，在此过程中要不断寻找机会脱身。

如果侵害行为已经发生，一定要采取种种手段，不让侵害人逃离现场，要继续与侵害人周旋，并发出呼救信号，迅速记住侵害人的相貌、身高、口音、衣着、身上带的物品、逃离方向等情况，待事后立即向民警或公安部门报告。比如遇到拦路抢劫的歹徒，可以将身上少量的财物交给歹徒，再与其周旋，记住歹徒的特征后，马上向有关部门报告。

如何防止性侵害

很多女同学在生理上逐渐成熟，但心理上还不成熟，很容易上当受骗。所以要增加自我保护意识，防止性侵害发生。

1. 独自外出时要小心谨慎，告诉家人自己去什么地方，和谁在一起，去干什么，大概什么时候回来。走夜路时要与同学结伴而行。如果无人相伴，要走有路灯和人多的路线，要随时注意是否有人尾随。如果有人骚扰和

跟踪，就要大声呼救或向长者请求保护。千万不能惊慌失措，更不能向小路或偏僻的地方跑。

2. 一个人在家里不要给陌生男人开门。如果被流氓抱住，你可以攻击其眼睛，或者其他要害部位，这些都是正当防卫。流氓致伤后必然去求医，就会自投罗网。如果被流氓推倒在床上，可用被子迅速罩住他的头，将他推倒后逃跑。还可以当他脱羊毛衫或其他套头衫遮住眼睛时，迅速一头将其撞倒，用脚踢或用其他物品打他的腹部，然后逃跑。

3. 去公共场合要注意自己的衣着打扮、言谈举止。不要穿太暴露、太紧身的衣服，更换衣物时也要选择安全的地方。不要随便与陌生人攀谈，不要随便告诉别人自己的姓名、家庭住址、电话号码等个人信息。

4. 交友一定要谨慎，不要与校外男青年有密切往来，不要与作风不检点的女同学交往。

5. 不要到公园的树林、假山或村外的河边、树下等僻静隐蔽处读书和复习功课，这类地方往往是流氓作案较多的场所。

6. 不要让陌生男人带路，不要单独搭乘陌生人驾驶的车辆，不要接受陌生人的馈赠。

7. 遇到流氓时，不能慌张、畏缩，一定要及时大声呼救，想办法及早脱险。

如何反击性侵害

由于生理和心理上的差异，面对性侵害，女同学应该怎么办呢？

1. 冷静对付。性侵犯突然降临，害怕是难免的。面对罪犯，受害者必须先控制自己的惊慌情绪，这样才有机会使施暴者平静下来；一味哭泣哀求只会令对方恼羞成怒，从而导致更严重的后果。

其实，犯罪分子在作案时都存在恐慌心理，他们既想满足自己的欲望，又担心案发后遭受牢狱之苦。所以，面对强暴，你不必惊慌失措，而应利用女孩儿容易被人相信的优势，去说服罪犯放弃犯罪行为。

2. 缓兵之计。一般来说，性侵犯行为是由强烈情绪冲动引起的，受害者应使用语言去缓和或减弱罪犯的这种冲动情绪，

设法拖延这种行为的发生，以求得援助。如用语言表示顺从，然后提出要选择合适的时间、环境和有心理准备等条件，往往可以产生明显的效果。

3. 打击要害。如果前两种方法不能奏效，当性侵犯事件即将发生时，就需要打击对方的要害来保护自己。当你处在十分危险的情况下，直接受到犯罪分子威胁时，最有效的方法就是打击其要害部位。只要迅速、

准确，便能即刻使其丧失侵袭能力。

打击要害部位是以小制大、以弱胜强的有效手段，一般不需要特殊的杀伤性武器，也不需要特别强大的力气，具体可有以下几种：

第一种，当罪犯还未近身时，应紧握拳头、咬紧牙关、怒目而视，这样会使罪犯产生一定的恐惧感。同时，要就地取材，打击罪犯。身边任意一种物件，如匕首、棍棒、石块、

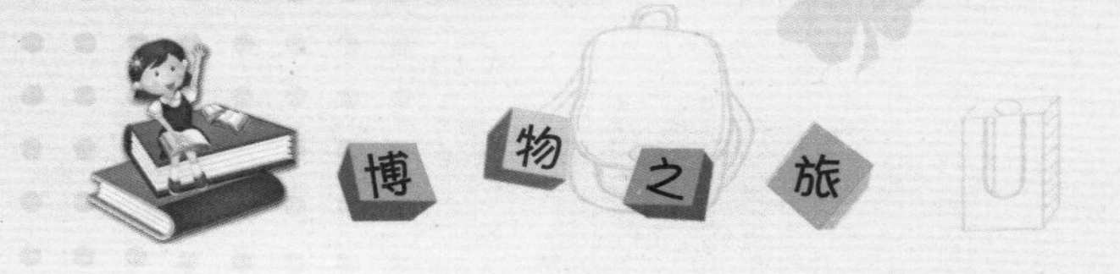

刀、剪子等，都可随手捡来作为工具。可用砖块、棍棒或拳头猛击罪犯的太阳穴。太阳穴在耳郭前、前额两侧、外眼角延长线的上方。而打击脑枕部则易造成致命的后果，因为脑枕部受打击极易形成脑震荡，这是对外力缓冲承受力最差的一个部位。

第二种，当罪犯近身时，如果罪犯抓住你一只手，你应迅速将手缩回，或用另一只手狠抓罪犯之手，或用口咬。当被罪犯抱住时，应用双手保护胸部，以免罪犯因贴近胸部乳房而增强性冲动，同时要突然、迅速、猛力向上提腿，以膝盖狠顶罪犯裆部，使罪犯疼痛难忍，从而停止犯罪行为。裆部是一个特殊部位，这里有生殖器官，是神经、血管分布最为密集的地方，因而对外界压、触极其敏感。以膝顶，脚踢，手揪、掐阴囊，可使罪犯休克甚至死亡。

第三种，当罪犯强吻时，应尽量将头向后扭，以避开嘴唇的接触。若罪犯将舌头伸入你的口中，应果断地将其咬断。如果遇到狡猾的罪犯，不能中计，也可咬其鼻尖等，留下破案线索。

第四种，当罪犯将你摔倒时，你应迅速侧身或趴下。如果罪犯将你翻过来，压在你身上撕脱衣裤，准备强行无礼时，这正是你进攻的好机会，因为罪犯的注意力已集中在被害人的下身，此时，以下方法可以酌情选用：

可抓起地上的泥土或沙子抹他的眼睛；用手狠捏其阴囊，可使其立即昏过去，甚至休克、死亡；用玻璃划破其桡动脉（手腕上医师把脉的位置）或划破其颈部的血管使其出血，甚至休克；用双手呈“八”字形压迫罪犯的颈动脉三角区，可立即导致其昏厥或死亡。

当然，与罪犯搏斗的自卫行为应适可而止。

女同学如何应对性骚扰

应对性骚扰的有效方法：

1. 以有效保护自己为原则，要明确这不是你的过错，不要因此责备自己。

2. 面对性骚扰者，勇敢地说“不”，不要采取容忍退避的态度，你越害怕，他越会得寸进尺。面对那些骚扰者，你越是

害怕、胆怯，对方越是兴奋、猖狂。所以要坦然面对，勇敢反击。

3. 尽可能保留证据以控制对方，如把他写给你的便条，他送给你的淫秽画片或书刊、录像、光盘等留下来，这些都是证据。

4. 将情况告诉可以帮助你的家人和值得信赖的朋友，求得他们的帮助和支持。

5. 向老师或者有关部门反映，求得他们的帮助。

性骚扰一旦发生，不要逃避，要学会勇敢地保护自己的合法权益，要早日调节好自己的心态，可以进行心理咨询和心理治疗，尽早地开始新的生活。

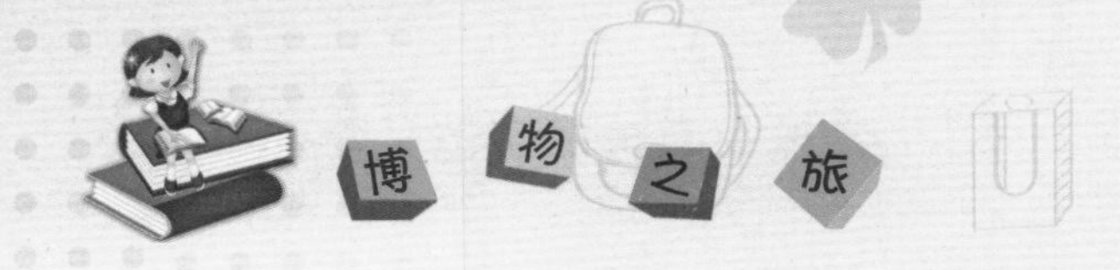

如何抵制黄色书刊的侵害

黄色书刊会使我们的精神受到严重折磨，所以，我们一定要抵制黄色书刊的侵害。可以从以下几方面做起。

1. 端正认识，从自己做起。要戒除对色情小说的“迷”，必须对自己下得了狠心，单靠外界压力是不能解决根本问题的。

2. 循序渐进。一方面是表现在时间上的渐进。保证上课不看，在学校里不看，把学习以外的时间安排得满满的。另一方面，在内容上也要循序渐进。要逐步看一些与学习有关的报纸，如《中学生报》《英语报》等，还可以看有趣的科普书籍。此外，还要培养广泛的

兴趣，如练书法、弹吉他、打球、下棋等，课外生活丰富了，就不会再迷恋黄色书刊了。

3. 增强学习兴趣。如果对学习有强烈的兴趣，每天忙于学习就无暇看此类书刊了。

4. 请周围的人监督帮助。把自己的决心告诉老师、父母、身边的同学，让他们提醒你不要丧失自己的意志力。

通过这些努力，相信你一定可以防止黄色书刊对你的侵害。

怎样健康地玩电子游戏

一方面，电子游戏可以开发人的智力，锻炼人的动手能力和快速反应能力；另一方面，痴迷于电子游戏会损害健康、荒废学业，甚至成为点燃死亡的导火索。

长时间玩游戏的人，会患上一种“游戏综合征”，出现情绪低落、头昏眼花、双手颤抖、疲乏无力、食欲不振等症状，

还伴随有如自主神经功能紊乱、激素水平失衡、紧张性头痛等一系列疾病。

少年儿童自制力一般比较差，经常玩着玩着就上了瘾，晚上不睡觉，上课打瞌睡，时间一长，沦为游戏的“奴隶”，把自己的主业——学习忘到九霄云外了。沉迷于游戏的孩子一般都学习不好。电子游戏已成为学生分心、家长担心、教师烦心、学校忧心的“洪水猛兽”。如果你已经沉迷于电子游戏中，必须采取恰当措施帮助自己摆脱来自电子游戏的诱惑，改掉迷恋电子游戏的坏习惯。

如何爱护公共卫生

公共卫生是大家共同的卫生，需要全社会所有的人去爱护、去保持。公共卫生环境的好坏已经是衡量一个城市、一个地区人民文明与否的标志。我们作为学生，更应该以身作则。

1. 不随地吐痰，不乱涂乱画。果皮、纸屑等杂物要扔到垃圾箱里，如果附近没有垃圾箱，就用袋子带走。

2. 不在公共场合大声喧哗。

3. 遇到不讲公共卫生的行为，要及时制止。

4. 遵守《公共场所文明公约》，做到随时爱护公共卫生。

讲究公共卫生不仅有利于环境的保护，也是我们自身素质的体现。所以，爱护公共卫生要从我做起，从现在做起。

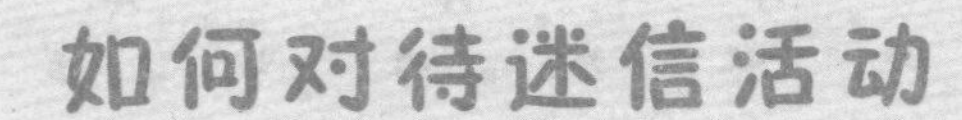

如何对待迷信活动

迷信不同于宗教信仰，它是盲目的信仰崇拜。有些搞迷信的人，通过迷信活动骗取别人财物，还有些人竟然相信这些搞迷信的人，让他们“祛病去灾”，结果造成人财两空。

对待这些迷信活动，我们要做到：相信科学，反对迷信。

自己和家里人都不参与迷信活动。遇到搞迷信活动的人，要用科学知识为武器，识破他们的假象，用摆事实、讲道理的方法，破除迷信活动。

如果迷信活动已经危害社会、坑害人民，一定要及时报告公安部门，以免产生严重的后果。

如何识别交通信号灯

在繁忙的十字路口，几个方向来的车都汇集在这儿，有的要直行，有的要拐弯，到底让谁先走？这就要听从交通信号灯指挥了。交通信号灯是不出声的“交通警察”。我们要保证自己的交通安全就必须注意交通信号灯，听从它的指挥。

交通信号灯的含义：绿灯亮时，准许车辆行人通行；黄灯亮时，不准车辆行人通行，但已进入人行道的车辆行人，可以继续通行；红灯亮时，不准通行；黄灯闪烁时，须在确保安全的原则下通行。

如何安全骑车过路口

我们在骑车过路口时，千万不能心不在焉。我们不仅要看红绿灯，还要注意自己前方的车辆给自己的信号。

若是汽车一侧的方向灯一闪一闪的，这是在告诉人们：我要转弯了。当看到汽车的方向灯闪烁时，我们不要抢道，应及时避让远一点，让汽车先通过。所以，我们在骑车过路口时，除了注意来往直行的车辆外，还要注意避让转弯行驶的车辆。

如何停放自行车

从城市到农村，越来越多的中小学生骑自行车上下学。骑车时，需要注意安全，停放车时，也要注意安全。因为，自行车失窃现象很严重。

把自行车停放在安全的位置，尽量不要放在墙角或其他隐蔽处。如果家里有院子，就放在家里，如果有车库或车棚，就不要放在走道上。在外面，要寄存在看车处。新车、高

档车最好不要放在户外，车锁也要用好的。找好位置以后，一定要把车锁好，车锁必须牢固。如果只是放一下，马上就走，也不要怕麻烦，要把车上锁。

如何安全骑车

骑自行车要在非机动车道上靠右边行驶，不逆行；转弯时不抢行猛拐，要提前减慢速度，看清四周情况，以明确的手势示意后再转弯。经过交叉路口，要减速慢行，注意来往的行人、车辆；不闯红灯，遇到红灯要停车等候，待绿灯亮了再继续前

行。骑车时不要双手撒把，不多人并骑，不互相攀扶，不互相追逐、打闹，更不可攀扶机动车辆，不载过重的东西，不骑车带人，不在骑车时戴耳机听广播或音乐。

公路上风沙大，容易有异物进入眼睛，所以骑自行车最好戴上防护眼镜。如果发生意外，应马上把车子抛掉，人向另一侧跌倒；同时全身肌肉绷紧，尽可能用身体的一部分面积接触地面。切记：千万不要用单手、单肩着地，更不要用头部着地。

骑车途中遇雨，不要为了免遭雨淋而埋头猛骑。雨天骑车，最好穿雨衣、雨披，不要一手持伞、一手扶车把骑行。雪天骑车，自行车轮胎不要充气太足，这样可以增加与地面的摩擦，

不易滑倒，而且应与前面的车辆、行人保持较大的距离。骑车要选择无冰冻、雪层浅的平坦路面，不要猛捏车闸，不急拐弯，拐弯的角度也应尽量大些。

要经常检修自行车，保持车况完好。确保车闸、车铃灵敏、正常尤其重要。

国家《道路交通安全法》规定：未满十二周岁的儿童严禁在马路上骑自行车。所以为了自己的安全，一定要遵守此项交通规则，未满十二周岁绝不骑自行车上路。另外，不能骑着儿童专用的自行车上路，应选择步行或者乘坐公交车上学、回家。

如何安全乘坐出租车

乘出租车时，要站在站台上或准许出租车停车的路边招手拦乘。上了出租车，关好车门，并按下门锁。车开动后不要随便动门的开关，以免引起事故。下车时，按计价器金额付费，

并索要发票。这样，如有东西遗忘在车上，可及时按车票上的车号及电话与司机联系。到达目的地后，要开右边的车门下车，同时要注意门外有无车辆或行人通过。

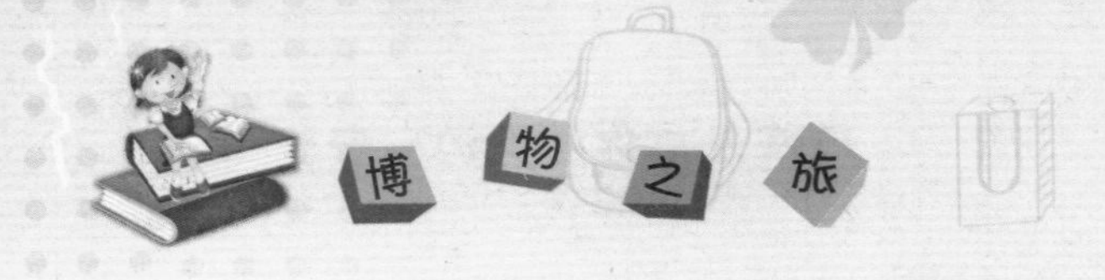

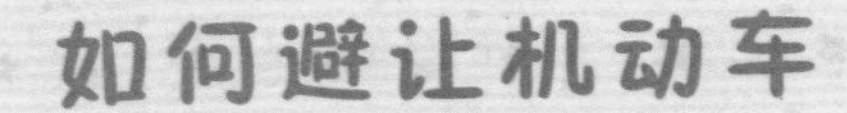

如何避让机动车

你们知道汽车指示灯的含义吗？弄清楚汽车指示灯的含义是很重要的。汽车在拐弯、刹车的时候都会先用指示灯给行人、车辆打招呼。懂得这些指示灯的含义会令我们的出行更安全。

汽车前面的两个红指示灯都亮时，表示汽车直线前进；左边的指示灯亮时，表示汽车向左转弯；右边的指示灯亮时，表示汽车向右转弯。汽车尾部两旁的小红灯，叫刹车灯。当它闪亮时，表示“本车将要刹车，请后面的车辆减速并保持车距”。

还有一些特种车辆，如消防车、救护车、警车等出动是为了执行紧急公务，一般车顶上都装有标志灯。当标志灯灯光闪烁，并伴有鸣笛声时，表示“请车辆、行人主动让行”。

遇到交通事故怎么办

据世界卫生组织统计，2000年，全球126万人死于车祸。在人类死亡和发病的原因中，车祸排在第9位。到2020年，车祸致人死伤的排名，将提前到第3位，远远高于艾滋病、疟疾等疾病。月有阴晴圆缺，人有旦夕祸福。如果遇到他人发生车祸，在这种紧急的时刻，你该怎么办才能使自己不卷入其中？

怎样才能使肇事者得到应有的惩处呢？

一旦周围发生交通事故，我们首先要记下肇事车辆的车牌号，及时报案，保护事故现场。如果发生了同伴受伤的情况，千万不要惊慌，要及时给急救中心打电话。在自己不清楚同伴哪里受伤的情况下，不要动他。如果有出血情况，应及时止血，也可以向路人求助。若在校外发生交通事故，除及时报案外，还应该及时与学校或家里取得联系，由学校或家人出面处理有关事宜。如果事故发生现场有汽油、大火等，则要立即远离事故现场。

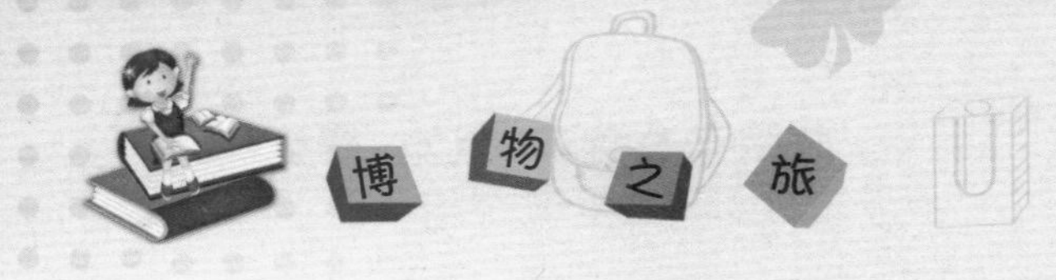

上学遇到堵车怎么办

据统计，全国各大城市，每年车辆增加的速度远远超过道路扩修的速度。所以每天上下班时间，堵车现象都会很严重。我们放学的时间比下班早，所以不会堵车，但是上学的时候，同学们是不是都遇到过堵车现象啊？

每天坐公交车上学的同学，要估计好时间，提前出发。如果遇到堵车，千万不要急着下车，更不要在街上乱

跑，要明白“欲速则不达”的道理。如果离学校很近，堵车情况又很严重，你可以向司机说明情况，提前下车，但还是必须走在人行道上，遵守交通规则。

有的同学因为堵车而迟到时，怕老师批评，就不敢进教室。这是不对的。同学们向老师说明情况，老师一般都会谅解的。

行走时汽车迎面而来怎么办

同学们上学、放学的时候若赶上交通高峰，街上车来人往，秩序就会有些混乱。这个时候，是交通事故极易发生的时刻。试想，当汽车朝我们撞过来时，我们该如何做呢？那几秒钟的时间，决定着我们的生死。但是只要我们掌握一些自卫技巧，就完全有可能死里逃生的。

如果来不及闪身躲到一边，可急速挺出一边的肩膀。这样做有可能使你与车擦身而过，即便不能完全闪开而被撞倒，也会使肩膀先着地，伤势会轻些。如果你发现时，车子已经来到眼前且来不及躲闪，就干脆跳到汽车引擎盖上，再从汽车侧面滚下来。身体着地时，最好是臀部先着地，双手要护住头部。

如做不到主动逃避，你就冒险地跳跃起来，像运动员一样，用力向上跳起。这样你可能被撞到一边去，可这样只是让你受点伤而已。如果形势逼人，不容你做一切逃避措施，你也要用手抱住头。因为行人被车撞倒，头最容易受伤。

如何应对转弯的车辆

你知道汽车是怎样转弯的吗？汽车是依靠前轮来转弯的。随着前轮的转动，汽车车身也逐渐改变方向。但是前后两只轮子不是走在同一条弧线上，而是有一定距离差别的，这个差距称“内轮差”。因此，我们碰到要转弯的汽车，不能靠得太近，

不要以为汽车的前轮过去就没事了。因为有“内轮差”，如果离转弯的汽车太近，很可能会被后轮撞倒压伤。所以我们在穿过马路时，除了注意来往直行的车辆外，还要注意避让转弯行驶的车辆。

我们在道路上行走时，千万不能心不在焉。我们不仅要看红绿灯，还要注意自己前方的车辆给自己的信号。若是汽车一侧的方向灯一闪一闪的，这是在告诫人们：我要转弯了。当看到方向灯闪亮时，我们不要抢道，应及时避让，让汽车先通过。

如何应对汽车急刹车

乘坐机动车时，我们常会遇到急刹车的情况。在那一瞬间，我们可以安全度过，但也可能会受伤，而所有这一切，都取决于我们是否知道急刹车时的自我保护措施。

打瞌睡时，头不要靠在车窗玻璃上，防止发生事故时被玻璃划伤。要尽量将头和身体靠在自己座位的椅背上，以防止刹车时，头部在前冲后仰中受到撞击。如果你坐在后排，可以将轻便衣物放在靠背上。这样，可避免在急刹车中，头部与玻璃或车体直接相撞。

突然发生刹车，

我们应迅速用手保护好头部和胸部，以避免受伤。

在行车过程中，我们最好不要在车门附近站立，更不能靠在车门上，以防止刹车时无意间碰到门锁，将车门打开，从行驶的车上掉下。

公交车上遇到流氓怎么办

在乘坐公交车时，女孩子有时会遇到一些流氓的骚扰，遇到这种情况，要加强自我防护意识，否则犯罪分子会利用许多女孩子的害羞心理而更加嚣张。

遇到犯罪分子，首先不要害怕，否则只能证明自己的胆怯，使对方更加放肆。此时最好是远离他，站到女性比较集中的地方或者靠近司机的地方，或用胳膊肘猛地撞他一下。因为公共场所人多，流氓内心发虚，只要勇敢反抗，流氓就

不敢再怎么样。

当乘坐的公交车非常拥挤，并发现有流氓骚扰你的胸部时，你可以将自己的包放到胸前，以阻止流氓对你的骚扰。如果流氓还是不离开的话，你还可以勇敢地踩他一脚，制止其罪恶行为。如果他恶言相向，你也可以直接告诉乘务人员或拨打“110”求助。

当看到自己的同伴受到骚扰时，你可以用“这里好热，我们换个地方吧”之类的借口带着自己的同伴脱离魔爪。

总之，遇到流氓时千万不可软弱、忍耐，否则只能让流氓更加肆意妄为。

同学叫你去马路边踢球怎么办

放学后，很多小学生不愿直接回家，而是和同学们在路上玩耍。尤其是男同学，喜欢在回家的路上玩耍打闹，有的同学还在路上进行球类活动，把马路当作自己的游乐场。这样做是非常危险的。

马路上来往的车辆很多，行驶速度非常快。如果选择在这种地方踢球，车辆通行时往往会躲闪不及，酿成大祸。踢足球

要在学校操场，或是室外广场上进行。

为了自己的生命安全，千万不要在行车道上玩耍。所以，当同学叫你去马路上玩时，你一定要拒绝，还要对这些同学加以制止。

遇到特种车经过怎么办

特种车是指国家有关法规明确规定的，具有公共应急抢险处置功能的车辆，包括蓝白色警务车、红色消防车、白色救护车和黄色工程抢险车，它们分别安装固定式的红蓝色、红色、蓝色和黄色警示灯。

我们在见到这些特种车辆时，不要因为好奇就停下来围观，否则很容易造成交通事故，同时会影响特种车辆的行驶，

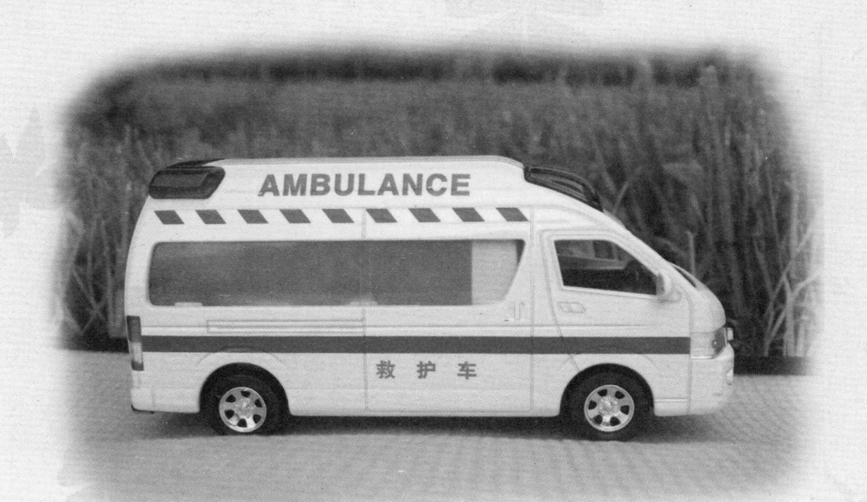

延误救援时机。交通法规规定：一切车辆和行人都必须让执行任务的警车、消防车、救护车和抢险车先行。特种车辆往往因为有紧急任务而车速较快，按有关规定，如果谁妨碍了这些车辆的行驶，出了车祸要自己负责。我们遇到这些车辆时，应该及时避让，以免发生交通事故。

乘火车如何防盗抢

我们在旅游或者探亲的时候，经常要乘坐火车，在乘坐火车的过程中，一定要注意防盗、防抢，以免遭受损失。

首先，要防止被人调包。因为有时候盗窃犯会将他的包放在你的旁边，然后乘你不备，拿走你的包。就算被发现了，盗窃犯也会搪塞过去，说自己拿错了。为了防止调包，要做好以下几点：把旅行袋放到行李架上后，在乘车过程中不要变换位置，也不

要不断从袋中取东西。临时用的东西，如毛巾、牙刷、书籍等，可放在身边的小兜子里；旅行袋应该放在时刻能看到的位置，如果放在身后或者正上方，自己看不方便，别人动的时候也不易察觉；携带多个旅行袋时，最好用链式锁锁在一起，以防行李包分散而被人调包。

防止浑水摸鱼。罪犯会利用人强烈的好奇心，在车上趁旅客发生争吵或故意制造争吵假象，伺机偷窃。所以要在这个时候提高警惕。

防止顺手牵羊。外衣挂在衣帽钩上时，如果衣物里有钱物，盗窃犯会将自己的衣物挂在你的上面，等你不注意时，拿走你的钱物。有时候，在你入睡时，盗窃分子会用手先碰一下你，看你是否真的睡着了。如果发现你睡着，盗窃分子就会乘机作案。盗窃分子还会以没有座位为由坐在地板上假装睡觉，伺机偷盗。

防止上下车时被盗。上下车时较为拥挤，此时，旅客的警惕心容易放松，小偷就会乘机盗走你的东西。犯罪分子常常借助刀片，趁旅客上下车时割开旅客的背包，窃取钱财。小偷还

常常利用各种各样的随身携带物品，有的将衣服搭在胳膊上，有的举个空兜子，有的拿着手套或者草帽，有的一只手抱个小孩子，在人群中挤来挤去，边挤边掏。因此，在上下车和乘车时要注意将物品随身携带好。

防止汽笛响起时被抢东西。为了避免歹徒抢夺，在乘车时要注意不要将贵重物品摆在茶桌上，否则会给犯罪分子留下可乘之机。

防止列车到站时被盗。列车到站时要特别注意看管好自己

的行李，防止别的下车旅客拿错行李或小偷趁乱行窃。不要将装有钱包和手机的衣服挂在衣帽钩上，不要趴在小桌上或躺在座椅上睡觉；卧铺车的旅客睡觉前要把自己的钱包、手机等贵重物品妥善保管好。尽量不露财，特别是大财，以防小偷注意到你。

如何安全乘飞机

随着我国航空事业的发展和对外交流的扩大，乘坐飞机旅行的人越来越多，一些小朋友也有了多次国际国内飞行的经历。可你知道，在乘坐飞机的过程中，有哪些安全常识我们要牢记吗？

初次飞行者或身体不适者在飞机上会感到耳胀心跳头痛，此时可张合口腔，或是咀嚼口香糖之类的食物，使耳内压力减

轻，消除不适。飞机起飞后，乘务员会通过录像或亲自示范讲解安全带、救生衣、紧急出口等设备设施的使用方法，要注意听讲并理解。

飞机上的一切用品均不能拿走，如厕所内的卫生用品，座椅背兜内的东西以及小毛毯、小垫子、塑料杯、刀叉等。晕机者可在起飞前半小时服用乘晕宁。一般座椅背兜中备有清洁袋，呕吐时，吐在袋内。